有趣的数学

布巴的五指计数

BUBA DE WUZHIJISHU

[意大利]安娜·切拉索利 著
[意大利]德西代里亚·圭恰迪尼 绘
曲少云 译

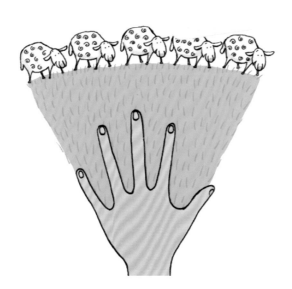

GUANGXI NORMAL UNIVERSITY PRESS
广西师范大学出版社
·桂林·

出版统筹：施东毅
选题策划：耿　磊　霍　芳
责任编辑：陶　佳　霍　芳
美术编辑：卜翠红　刘冬敏
版权联络：张耀霖
营销编辑：杜文心
责任技编：李春林

著作权合同登记号桂图登字：20-2017-006 号

图书在版编目（CIP）数据

布巴的五指计数 /（意）安娜·切拉索利著；（意）德西代里亚·圭恰迪
尼绘；曲少云译. —桂林：广西师范大学出版社，2017.6（2019.4 重印）
（有趣的数学）
ISBN 978-7-5495-9804-5

Ⅰ．①布… Ⅱ．①安…②德…③曲… Ⅲ．①数学—儿童读物
Ⅳ．①O1-49

中国版本图书馆 CIP 数据核字（2017）第 108283 号

广西师范大学出版社出版发行

（广西桂林市五里店路 9 号　邮政编码：541004）
（网址：http://www.bbtpress.com）
出版人：张艺兵
全国新华书店经销
北京尚唐印刷包装有限公司印刷
（北京市顺义区牛栏山镇腾仁路 11 号　邮政编码：101399）
开本：889 mm × 1 330 mm　1/32
印张：2.25　　　　字数：6 千字
2017 年 6 月第 1 版　　2019 年 4 月第 2 次印刷
印数：10 001~12 000 册　　定价：25.00 元
如发现印装质量问题，影响阅读，请与出版社发行部门联系调换。

数学，孩子因需要而发现

　　毫不夸张地说，我们生活的这个世界离不开数学。我们常常在无意识中使用着数学，享受着数学带给我们的便利——购物、报时、踢球、打游戏、做蛋糕……我们每一个人真的是不假思索地进行着数学思考。对于儿童而言，他们最初并不知道什么是数学，为什么要学习数学，但懵懂中，他们开始知道：爸爸需要 2 个茶杯；妈妈刚刚切好 5 瓣苹果；爷爷说天阴了可能会下雨；弟弟刚刚吃掉一块奶奶切的三角形蛋糕……生活中的这些好奇激发了他们的兴趣，他们逐渐从模仿、观察和发现中开启了学习模式——用数学思维来思考。大部分父母在发现孩子的这些进步时，都会感到无比惊奇和喜悦。

　　然而，在很多孩子身上，随着年龄的增长和知识的增多，曾经因好奇而激发的数学兴趣似乎很快便消失了。当父母们焦虑地探讨怎么进行孩子的数学启蒙，如何让孩子喜欢上数学，数学除了考试还有什么用处的时候，那些本该引发关注的孩子的好奇心却被无情地抛弃了——这样的事情往往发生在他们开始真正学习数学以后。从父母到老师，我们每一个对孩子的教育承担责任的成年人都需要审慎地思考，究竟我们的教育行为哪里出了问题：是忽视或打击了孩子的好奇心，是过早地错误地解读了数学并传授给孩子，还是过于重视那些各种表面的数学评定成绩、标准答案？

如果我们在发现孩子有了数学意识的关键期，耐心和孩子数积木、玩弹球，不断发展他们的点数能力直至运算；如果我们看到孩子为了一张撕出来的图形咯咯乐起来的时候，顺势引导他们探寻更多的形状规律；如果每一次道理的分析都有理有据，让孩子心服口服……我们又何愁孩子不喜欢数学，不会用数学去思考呢？

面对事物时，我们往往自发地因需要而产生好奇，因好奇产生兴趣，因兴趣才去寻求解决问题的办法。我们获得知识和能力向来遵循这样的学习规律，数学尤其如此。

所以，保有对数学的浓厚兴趣才是孩子在数学方面持续前行的最大动力，而鼓励和保护孩子学习动力的最佳途径是和孩子一起思考，共同探究和学习。好的启蒙读物不仅可以陪伴孩子，更能启发家长、老师，让他们和孩子展开恰当的探究性学习。很高兴能够遇到"有趣的数学"系列，翻译的过程更让多年深耕一线数学教育的我感触颇深——我们迫切需要更多这样的好的数学启蒙与读者相遇。与其说它们有益于孩子，不如直接说它们有益于整个家庭。这套书巧妙地构建了 4 个数学发现的现实场景，通过故事，呈现了数学最初是怎么来的：我们为了设计自己的房屋发明了几何；为了准确理解他人的意图发明了逻辑；为了数清身边的物品发明了计数方法；为了更多更复杂的社会交易发明了运算……循着有趣的故事情节，细致缜密的发问和探究过程的呈现，孩子们会和大人惊喜地发现，原来要这样看待身边的问题，这样才能发现数学，解决的办法竟然如此自然，如此巧妙！

　　是的，那还犹豫什么，赶紧和我们一起走进"有趣的数学"吧！

2017 年 6 月 1 日

很久以前，人类生活的世界里还没有房子，也没有汽车，更别提什么飞机和电脑了！那时人类还没有发明文字，更不懂得什么是计算。

他们就是我们所说的"原始人"。

布巴就过着这样平静祥和的原始生活。就在几天前，爸爸给她安排了一项重要的工作。接受任务时，布巴沾沾自喜：这说明，我可以做事情了。

出发前，爸爸对布巴说道："看管好咱们的羊群。在我和你哥哥出门狩猎的这段时间，要确保所有羊的安全，不能丢失任何一只羊！"布巴有个哥哥，叫特龙——身强力壮，还很聪明。哥哥看管羊的时候从来没有丢失过。布巴和特龙还有几个年龄更小的弟弟妹妹，为了照顾他们，妈妈已经筋疲力尽了。

现在，布巴接管了羊群。

照顾好羊群真是个技术活：不仅需要看管和喂食……还需要时不时地宠一宠它们。

和它们你挨着我，我靠着你地小睡一会儿，布巴也
觉得暖乎乎、美滋滋的！

家里的院子很大，布巴一会儿放牧，一会儿散步，日子就这样一天一天过去，倒也悠闲。

　　只是最近几天，花园里的嫩草越来越少。小羊们眼巴巴地望着围栏外面漫山遍野的鲜草和嫩叶，一个个伸长脖子、鼻子钻出围栏，憧憬着外面的世界。

　　布巴心里嘀咕着："真想把羊放出去，让它们痛痛快快地吃个够。不知道会不会有什么麻烦？不过，这大中午的，既没有凶猛的野兽，也看不到其他危险。只要我看管好羊群，一定没事的。"

就这么办。羊群一出围栏，就活蹦乱跳地感谢布巴。在围栏外面的世界里，布巴和她的羊群一起打滚、一起奔跑，幸福地度过了美好的下午时光。

哞哞哞

夜幕降临时，布巴学着哥哥的样子，两指按住卷起的舌头，"哞——"。哨声划破天际，所有的羊立刻乖乖地聚拢回来。她带着这群白毛朋友顺利地返回家中。养羊还真是个力气活。

布巴一刻也不敢放松，她盯着所有的羊一只一只回到洞穴，然后自己才躺下来。每次特别疲惫的时候，她都感谢自己的朋友，这舒适柔软的羊毛毯正是朋友的礼物。布巴永远不会忘记，要像上次那样遇到危险时保护自己的朋友。布巴没有很快进入梦乡，她想，爸爸和哥哥马上就要回来了，要是他们看到我看管的羊活蹦乱跳，还吃得好睡得香，一定会夸奖我的。布巴几乎是带着笑容进入梦乡的。突然，"咔—啪—""咩—咩—"，哪里的树枝折断了？难道还有羊没有回来吗？

　　布巴嗖地跳起来跑出去查看……真的是她的羊！她能认出这只小羊，全凭小羊鼻头的那一撮黑鬃毛。原来，并不是所有的羊都回到了围栏里！而她竟然没有察觉到！

　　是不是还有更多的羊没有找到回家的路呢？布巴决定出去仔细查一遍。

夜色中，布巴摸索着四处寻找。在一簇矮树丛下，她终于发现了一只蜷成一团的小羊。看得出，小羊受到了惊吓，战战兢兢的。这一定是坏记性搞的恶作剧！布巴一把将小羊搂在怀里，她发誓，一定找到所有丢失的羊。但发生这样的事情，她好像无能为力，什么也做不了！因为她根本不知道爸爸要她照顾多少只羊。要知道，那时候还没有发明数字呢！

从那一刻开始，布巴开始思考确保不让任何一只羊丢失的办法。第二天，她死死地盯着羊群，对羊们送给主人的笑容视而不见，这些温柔甜美的笑容可迷惑不了她，她现在不能冒险失去任何一只羊。以后几天，布巴都是这样过的。

布巴感觉哥哥和爸爸回家的日子推后了好久。也许这是一趟特别艰苦的狩猎：为了捕到那些更快、更狡猾的动物，他们可能比平时走得更远了。

羊群几乎吃光了围栏里那些牧草嫩叶。布巴感觉是时候走出去，带着羊群去田野里寻找更多的牧草了。

现在急需解决的问题是，如何确认带出去的羊和带回来的羊数量相同。除了喜欢和羊群游戏，布巴也喜欢思考问题、解决问题。她盘坐下来，决心找到一个可行的办法。

布巴就这样用手托着头，一动不动地坐着，眼睛直勾勾地盯着那一张张饥饿的脸。突然，她灵光一闪，有了一个绝妙的主意：要是能像认出兄弟姐妹一样，辨认出每一只羊，就能确保它们都回来了。是的，就这么办！

　　她站在门口，走近第一只羊仔细观察，想找到一些能记住它的特征。"哈，我发现啦，这只羊有一条卷曲的尾巴。就叫它卷尾巴吧。是的，卷尾巴回来了。"她又发现，另一只羊的下巴上长着一缕特别长的鬃毛，像胡须一样。"太好啦，就叫它小胡子吧。是的，小胡子也没走远。"那么，那一只羊呢？"这只羊可真胖，再没有比肥肥这个名字更适合它的了。我会记住它的。"

18

就这样，她聚精会神地混在羊群中，居然找到了每一只羊的特征，让它们都有了名字：小卷毛、白雪公主、小胡子、小瘦子……名字太多了，真有点顾不过

来。等等，等等，布巴甩了甩脑袋，想让自己清醒过来，这个办法不灵啊！尽管没有一只羊离开自家的花园，可这么多的名字，自己根本记不住啊！

快乐羊

圆滚滚

小瘦子

"咩——咩——"，羊饿极了，整个晚上都睡不着，可怜巴巴地叫着！布巴脑袋里被各种突然冒出来的想法搞得焦头烂额。这其中，有一个办法似乎行得通：放羊的时候，一次放一只羊。这是一个相对容易执行的办法。

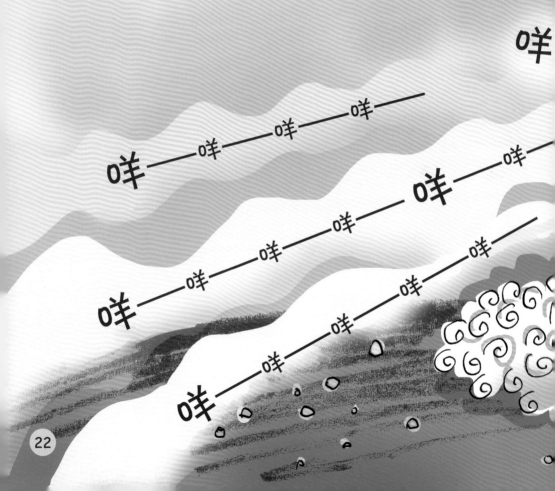

第二天，布巴早早地起了床。她先放一只羊出去吃草。野外的甜豆鲜嫩又开胃，这只可怜的羊还从来没有独享过这么多美味呢。布巴则守住围栏的出口，等第一只羊吃饱回来后，再放第二只羊出去。她给每一只放出去的羊都留出充足的时间吃草。为了好区分，每只羊放

出去的时候，布巴都用炭灰在它们身上做了记号。她按部就班地让羊一只一只地出去又回来。时间过得很快，一晃的工夫大半天过去了。布巴发现，还有很多羊没有出去呢，也就是说，想让所有的羊吃到草，这个办法行不通！

但是，但是……布巴绞尽脑汁，终于想出了一个可以节省时间的办法：每次让一只羊和另一只羊同时出去吃草！

就这么办。看着它们愉快地吃草，布巴想："为什么放一只羊和另一只羊出去的时候，不再加一只羊呢？

那样的话，会省下更多时间的！而且，这样每组羊的数量也小，我能记得住出去了几只。"

就这么办。但是，新的想法像串在一起的樱桃，一个跟着一个冒了出来，根本停不下来：可以在放一只羊、一只羊、一只羊出去的时候，再加上一只羊。

就这么办。还可以是：一只羊、一只羊、一只羊、一只羊出去的时候，再加上一只羊！而且，这样每组羊

的数量绝对不会出错，因为这样每组羊的数量恰好和一
只手上的手指数完全一样！

是的，每根手指对应一只羊，而每只羊也对应一根手指！布巴居然发明了历史上第一个计数器，一伸胳膊就能够得着的计数器！羊外出吃草的时候，她可以随时检查羊的数量，让羊的数量对应到手指上，而这些手指永远也跑不了！

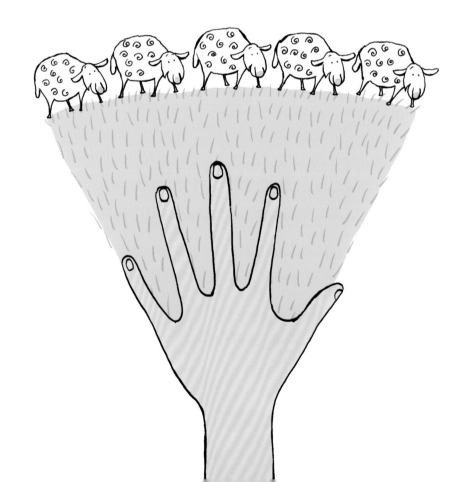

耶——！每次出去时，羊的数量和一只手上的手指数相同。羊群按组轮流出去，每当一组羊群归来，布巴就在石墙上对应画一个符号"Ｖ"，像一只伸展的手。

直到最后，只剩下一只羊和另一只羊，只好让它俩单独吃草了。尽管这样放牧花去了整整一天的时间，但可以确保不丢失任何一只羊。

　　一分辛劳，一分收获！那天夜里，饱餐后的羊群美
美地进入了梦乡，整个山洞回荡着羊群的呼噜声。布巴
也睡着了，她躺在柔软的羊毛上，脸上露着微笑。她甚

至梦见了，自己和羊们一起唱着歌儿，围成了一个圆圈
儿跳起舞来。

天空渐渐泛白，新的一天来了。布巴又需要解决羊群吃草的问题了。但是，与昨天不同的是，乌云慢慢从空中压下来，马上就要下雨了。布巴可不想让羊被雨淋湿，有什么办法可以加快今天的放牧呢？

　　"我还有另外一只手啊！为什么没有早一点想到呢？就这么办：每次放出去的羊的数量和两只手上的手指数相同。"这个办法简直像神来之笔，布巴兴奋得几乎喊出声来："以更少的时间让所有的羊都吃上草！"

她是这么做的，每一组羊放牧归来，她就在石墙上对应画一个符号"╳"，像两只伸展的手，一只手开口朝上，一只手开口朝下。

乌云越来越厚，天空渐渐黑下来，倾盆大雨就要来了。布巴的工作也相当顺利，整个羊群只花了很短的时间就吃饱了。剩下的羊她是这样处理的：先放出一组羊，这组羊的数量和一只手上的手指数相同；剩余的几只羊让它们一只、一只出去，计数也单独进行。

按照计划，最后两只羊饱食了鲜嫩的美味之后，安全归来。布巴用类似两根手指一样的图画"II"表示了它俩，结束了自己的伟大杰作。

"轰隆隆——"，雷声响起，布巴的羊群已经全部安全回家。可爱的布巴在墙壁上留下了人类历史上最早的数字。

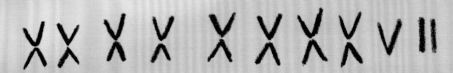

洞穴入口

$$10 +$$
$$10 +$$
$$10 +$$
$$10 +$$
$$10 +$$
$$10 +$$
$$10 +$$
$$10 +$$
$$5 +$$
$$2 =$$
$$\overline{87}$$

"所以，一共有 **87** 只羊！"

"老师，老师，布巴的爸爸和哥哥到底什么时候回来的？他们没有夸一夸布巴吗？"

"老师不知道，当然也可能根本没人知道。我们甚至不知道，这些记号是不是小女孩布巴写在墙上的。但我们确实知道，在遥远的过去，这些记号就已经被人类留在岩石上了。它开启了人类智慧最伟大的发明：数字的发明！"

"老师，这不是真事啊？这故事肯定是您编的！"

"回答正确！我想用故事告诉大家，在数字到来之前，整个世界问题丛生，麻烦不断。我们现在想想，如果你是布巴，你会怎么做？"

"老师，我知道该怎么做！我敢打赌，布巴的哥哥一定这么做过！"

"说来听听！"

"我想，特龙可以用一堆石子解决问题。在围栏门口，他先把所有石子放进一个篮子里。每一颗石子代表一只羊。现在是上午，羊群已经睡醒，一个个饥肠辘辘的。"

"特龙很聪明，他让羊一只一只地出去，每出去一只羊，他就从这堆石子中拿出一颗，丢进另一个篮子里。用这样的办法，当羊一只一只被放出去的时候，石子也一颗一颗地被丢进了另一个篮子里。直到整堆的石子都进了另外那个篮中。然后……"

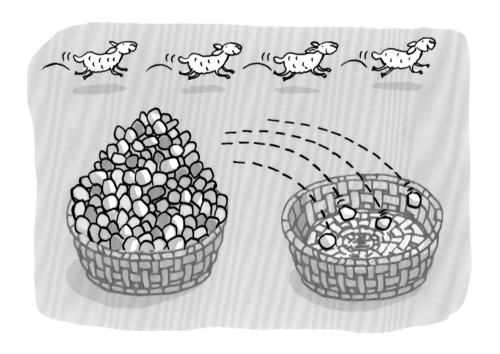

"老师，老师，让我继续说下去！接下来特龙是这么做的：当羊返回围栏的时候，每走回一只羊，他就把一颗石子从第二个篮子丢回第一个篮子……当所有的羊都回来，外边一只羊都不剩的时候，所有的石子应该也都丢回第一个篮子里了。如果这样，就对了。不是吗？但是，如果第二个篮子里剩余了石子，特龙就要担心了，这意味着还有羊没有回来，要么走丢了，要么就是羊独自周游世界去了……"

　　"假设那里没有狼的话……"

　　"说得好，聪明的孩子！"

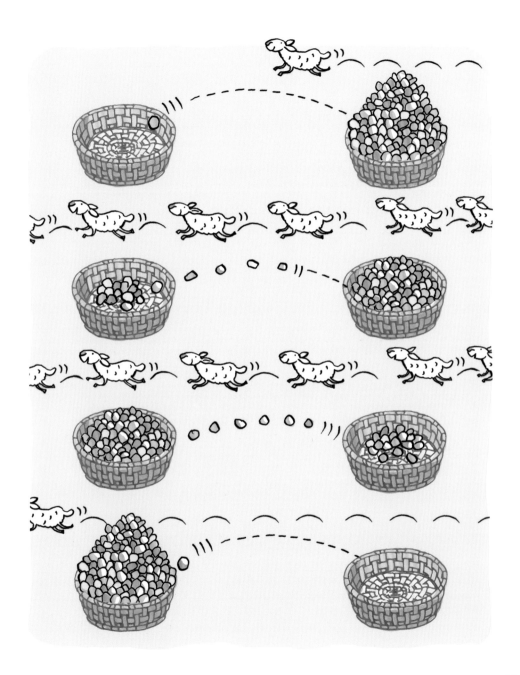

1

2

3

4

5

6

7

8

9

10

"老师，难道您不记得，您给我们讲过一个关于石子的故事吗？您告诉我们，原始人是如何计数的，您还解释说，可以用'石子'代替'计数'，即用石子计数。"

"对，我记得。很高兴你们也记得。让我们换一种情况，进一步想一想……假如你是布巴，现在只有一块木头和一块锋利的岩石，该怎么做呢？"

"我！老师我知道！每出去一只羊，我可以在木头上划一道。有多少只羊，就划多少道。当羊吃饱了，赶着羊群回来时，只要检查是不是每一道对应一只羊，就

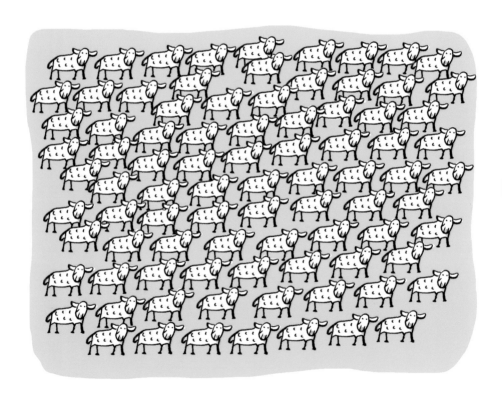

可以了。否则，羊要么跑丢了，要么掉进了山洞，要么
被狼吃掉了！"

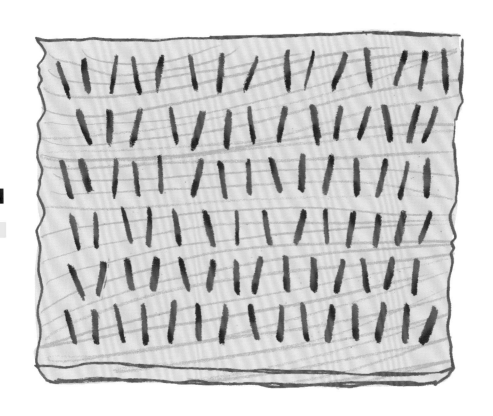

"干得好，小原始人！用这些方法检查羊的数量，真是个伟大的创举！不过，布巴的想法有点特别……让我们大开眼界。听好了，她的办法是，用特别的符号表示羊的数量，而不是为每一只羊划一道！"

这些符号代表 87 条道！

"这就是数字。它是能代表数量的小符号。当布巴想表示数量是 5 的一组羊时，她画出了一只手，她发明的这个数字我们现在叫它'5'。"

"当她画出两只手时，她发明了我们使用的数字'10'！"

"老师，布巴的数字 5 和数字 10 看上去很像罗马数字，它们写出来很像 V 和 X。说不定是罗马人抄袭了布巴的发明！"

"还真有这种可能哟。它们看上去确实很像把手画在了墙上……让我们给布巴一些掌声吧。上了学以后，我们可以学到数字世界更多更奇妙的故事。"

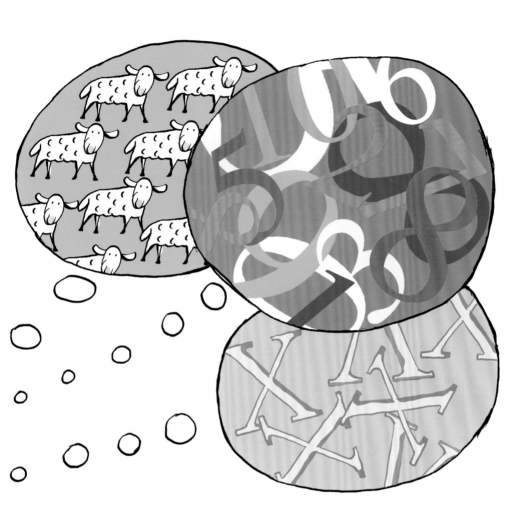

名家推荐

　　"有趣的数学"系列最难能可贵之处在于，将数学抽象的概念恰到好处地融入风趣幽默的故事当中，并涵盖了一定的人文知识、哲学智慧、推理能力，让孩子在潜移默化中接受多种思想的启蒙。让数学不再抽象，不再枯燥，为孩子种下一颗热爱数学的种子，让孩子真正融入数学的世界。

著名幼儿数学教育专家、"儿童数学思维训练"课程创始人

何秋光

这套精美的数学绘本涉及数的产生和计算、几何图形的性质与特征以及简单的逻辑推理等多个主题。"有趣的数学"系列把故事和数学概念有机地结合起来，潜移默化地培养了孩子的数学思维。例如在《布巴的五指计数》中就渗透了映射等近现代数学概念，避免了将数学概念简单生硬地灌输给孩子，做到了孩子智商与情商培养的统一。

北京四中数学高级教师、数学教育博士

吕宝珠

儿童早期接触数学，不该只是为了提早学到数学知识，更重要的是点燃孩子心中的数学火焰，激发孩子用数学探索世界的热情！从这点来看，"有趣的数学"系列是成功的。充满童趣的故事吸引着孩子一步步走向数学，不知不觉中思考数学，于欢声笑语中感受到数学是好玩的、可爱的、有用的！

上海师范大学小学数学研究室教师、数学教育博士

庞雅丽